Erzählt und gezeichnet von René Cloke
Ins Deutsche übertragen von Gerda Bereit

Der Text dieses Buches entspricht der neuen deutschen Rechtschreibung.

ISBN 3-625-20530-0

Wichtelwaldgeschichten

Das geheimnisvolle Flugzeug

Trostberg, 29/7/2013

Lieber Sebastian,
für Deine fleißigen Leseübung ... hältst
Du diesen Buchpreis! Viel S... en
wünscht Dir Dein Lehrerin

NAUMANN & GÖBEL

Niemand im Wichtelwald glaubte, dass Flori Frosch besonders klug sei. Alle lachten, wenn er behauptete, dass er sich ein Flugzeug bauen würde.
„Er kann vielleicht ein Flugzeug bauen, aber fliegen wird er nicht“, spottete Benji Eichhörnchen.
Berti Hase nickte. „Ja, das glaube ich auch. Dazu hat er ein viel zu kleines Köpfchen.“

„Woraus willst du es denn bauen? Etwa aus Schilf und Binsen vom Flussufer?“, erkundigte sich Ilse Hase. „Gib doch zu, dass du nur Spaß machst!“, sagte Hilda Eichhörnchen schmunzelnd. Nur die Junghäschen Rosel und Flip schauten Flori bewundernd an. „Wartet nur ab! Ich werde es euch beweisen. Eines Tages werde ich über eure Köpfe hinwegfliegen“, quakte der kleine Frosch.

Flori verbrachte viel Zeit in seinem Garten. Man hörte ihn bis spät in die Nacht sägen und hämmern. Alle Tiere lachten über ihn und sagten, dass er töricht sei. Aber Flori machte sich nichts daraus, sondern arbeitete nur noch eifriger.

Eines Tages segelte Flori Frosch tatsächlich in einem kleinen Flugzeug über den Wichtelwald und schwenkte fröhlich seinen Hut.
„Er hat es wirklich geschafft!“, keuchte Dicki, das schwarze Ferkel.
„Und es fliegt wundervoll!“, schnurrte Kitti Kätzchen bewundernd.
Bob ließ sich auf den Boden plumpsen und schaute dem Flugzeug fassungslos nach.
„Wenn Flori eins bauen kann, dann müssen wir es auch können“, murmelte er.
„Kommt mit, Freunde!
Wir versuchen es!“

Bob, Kitti und Dicki überlegten angestrengt. Sie nagelten sich eine Bretterkiste zusammen, banden Luftballons daran und bestiegen aufgeregt ihr Gefährt. Aber die Kiste flog nicht.

Am nächsten Tag befestigte Bob einen Schirm an einem Korb, kletterte mit ihm auf eine hohe Mauer und setzte sich hinein.

„Schubs mich runter, Dicki! Ich werde den Schirm öffnen und mit ihm fliegen. Jetzt, Dicki!“, rief er. Dicki tat, wie geheißen, aber etwas ging schief. Der Korb schwebte nicht sanft hinab.

Obwohl Bob den Schirm öffnete, stürzte er unsanft zu Boden. „Au-au-au!“, heulte der Welpe.

Kitti wollte nichts
Neues mehr versuchen.
Sie legte sich in die Sonne.

Sie schlief ein und träumte,
dass sie ein Schmetterling sei.
Im Traum flog sie mit großen,
buntschillernden Flügeln
neben Floris Flugzeug her.

Am nächsten Tag trafen sich die Tiere aus dem Wichtelwald in Berti Hases Geschäft. Es ging laut zu, denn Floris Flugzeug hatte für Aufregung gesorgt. Einige bewunderten seine Geschicklichkeit, andere waren neidisch. „Mir sträubt sich das Fell, wenn ich daran denke, dass dieser mickrige Frosch geschickter ist als wir“, murrte Bob.

„Wir waren unten am Fluss, um uns das Flugzeug anzusehen“, berichtete Benji Eichhörnchen. „Aber er hält es in seinem Schuppen versteckt und niemand darf hinein.“

„Flori will uns nicht sagen, wie sein Flugzeug fliegt“, berichtete Benji überall. „Das sei sein Geheimnis.“ „Da stimmt etwas nicht!“, knurrte Bob. „Aber ich werde es herausfinden!“

Am nächsten Morgen lief Bob zum Fluss. Flori buddelte gerade in seinem Garten. Das Flugzeug war nicht zu sehen. Bob hätte gerne in den Schuppen geschaut, aber die Tür war geschlossen. „Wirst du heute wieder fliegen?“, fragte Bob den kleinen Frosch.

„Vielleicht später“, antwortete Flori.
„Kann ich dein Flugzeug mal sehen?“ Flori grinste übermütig.
„Natürlich! Wenn ich über eure Köpfe fliege, kann mich jeder sehen“, quakte er und setzte seine Gartenarbeit fort.

Als Flori am Nachmittag aus seinem Flugzeug herabwinkte, jubelten ihm die Tiere zu. Nur Bob lief rasch zum Fluss. Dort versteckte er sich auf einem Baum, um das Flugzeug beim Landen zu beobachten.

Bob wartete voller Ungeduld, denn er wollte nun endlich wissen, warum und wie Floris Flugzeug fliegen konnte.

Flori blieb lange weg, und Bob wurde es auf dem Baum langsam unbequem. Außerdem wurde er hungrig und wünschte sich, dass er einen Knochen zum Knabbern mitgenommen hätte. Endlich sah er aus der Ferne einen roten Fleck näher kommen. Ja, es war das Flugzeug. Bob spähte gespannt durch die Äste.

Das Flugzeug landete, und Flori sprang heraus. Er hob den Deckel des Flugzeuges an. – Und …? Aus dem Flugzeug stieg eine Ente! Bob stieß einen überraschten Laut aus, beugte sich zu weit vor, verlor das Gleichgewicht und kippte vom Baum.

Bob hatte noch Glück. Sein Pullover blieb an einem Ast hängen. Da hing er nun, mitten in der Luft, strampelte mit den Beinen und konnte weder hoch noch runter. „Hilfe! Hilfe! Ich hänge fest!“, schrie er, so laut er konnte.

Flori hüpfte herbei. Als er Bob so zappeln sah, dachte er: „Es geschieht ihm recht!“ Aber er war zu gutmütig, um es auszusprechen. „Ich werde über dem Wichtelwald einen Zettel abwerfen, auf dem ein Hilferuf steht“, versprach er dem jammernden Bob. Dann hüpfte er zum Flugzeug zurück. Die hilfsbereite Ente stieg wieder ein, Flori setzte den Deckel auf, hüpfte hinein und flog los.
„Ich hoffe, sie beeilen sich“, jaulte Bob.

„Hurra! Er kommt wieder!“, schrie Dicki, als das Flugzeug in Sicht kam. „Schau nur, er wirft etwas herunter!“, rief Kitti, während Dicki schon zu dem weißen Flatterding lief, es aufhob und las. „Schniffel die Schnutt!“, quietschte Dicki. „Bob braucht unsere Hilfe!“

Hilfe! Bringt eine Leiter zum Flussufer. Bob hängt an einem Ast fest.

„Soll er doch! Das hat man davon, wenn man so neugierig ist“, schimpfte Kitti, aber Dicki kam schon mit einer Leiter. Sie trugen sie gemeinsam zum Flussufer.

Bis sie zum Fluss kamen, war das Flugzeug schon versteckt, aber Bob hing immer noch im Baum. Dicki schob die Leiter unter Bobs Pfoten, während die Katze auf den Baum kletterte und seinen Pullover befreite.

Der Welpe war so steif, dass er nur schwer von der Leiter klettern konnte. Unten hatte Flori schon für jeden eine Tasse heißen Tee und Rosinenbrötchen bereitgestellt. Bob bedankte sich für die Hilfe.
„Und danke für den Tee!“, schnurrte Kitti. Flori blieb ernst, fast traurig. Er verabschiedete sich.

„Nun werden alle von der Ente im Flugzeug erfahren", dachte Flori traurig. „Dann wissen sie, dass ich nicht so geschickt bin, wie sie glauben. Ich werde für sie wieder nur der unscheinbare, dumme Frosch sein." Bei diesem Gedanken fühlte er sich gar nicht wohl, darum machte er sich eine extrakalte Bettflasche und legte sich ins Bett.

Aber am nächsten Tag erschien Bob bei Flori.
„Ich bringe dir eine kleine Fahne für dein Flugzeug!“, rief er schon von weitem.
„Ach, wozu? Das Fliegen macht mir keinen Spaß mehr“, klagte Flori.
„Aber ich habe niemandem von der Ente erzählt und werde es auch nicht erzählen“, versprach Bob.
Sie befestigten gemeinsam die Fahne am Flugzeug.
Natürlich freute sich Flori nun darüber.
Und niemand außer Bob erfuhr jemals das Geheimnis vom fliegenden Frosch.